JORA DAHL

FLOWER NOTES

Ein Blumenjournal

Illustriert und gestaltet von
Marion Rekersdrees

Insel Verlag

INHALT

FRÜHJAHR – ES GEHT LOS

SOMMER – DEN GARTEN GENIESSEN

ÜBER DIESES BUCH

Es gibt wahrscheinlich mehr Wege zu gärtnern, als es Blumen in meinem Garten gibt. Und jede Gärtnerin hat ihre eigene Herangehensweise. Als ich anfing, habe ich versucht, mein Wissen aus Büchern in meinem Garten praktisch umzusetzen – mit mäßigem Erfolg. Schließlich begriff ich, dass genaue Beobachtung und die Berücksichtigung der Besonderheiten meines Gartens entscheidend sind. Heute gehe ich bei der Frage, welche Pflanzen für einen bestimmten Ort und seine Umgebung ästhetisch und ökologisch wirklich passend sind, sehr intuitiv vor.

Eine Sache habe ich dabei früh gelernt: Ganz egal, wie man gärtnert, es macht Sinn, seine Erfahrungen regelmäßig schriftlich festzuhalten und Neues vorab auf Papier zu planen. Dieses Buch kann dir dabei helfen! Es begleitet dich ein ganzes Jahr in deinem Blumengarten. Du behältst den Überblick über deine Projekte und Pflanzen, kannst eintragen, was gut geklappt hat und was eher nicht so gut gediehen ist. Es hält eine Menge an Inspiration für dich bereit und kann in so manches grüne Chaos ein wenig Struktur bringen.

Einen Blumengarten anzulegen und zu pflegen, ist eigentlich gar nicht schwer. Was du dafür bekommst, ist jedoch unfassbar viel: Du wirst nicht nur von Frühjahr bis Herbst in einem Blütenmeer schwelgen. Er eröffnet auch so viele Möglichkeiten, kreativ zu werden! Denn für mich ist ein Blumengarten in erster Linie auch ein Nutzgarten: Blumen können auf so vielfältige Weise im Haus arrangiert werden, sie lassen sich trocknen und pressen und ein selbst gebundener Strauß ist immer das perfekte Geschenk.

Aber warum beginnt mein Gartenjahr im September? Wer gärtnert, muss zeitversetzt denken. Jedem Blütenmeer geht eine gute Vorbereitung voraus. Der Herbst ist die beste Zeit, um loszulegen! Jetzt wollen winterharte Einjährige gesät, Stauden gepflanzt und Zwiebeln gesetzt werden. Im Frühjahr steht die Aussaat der einjährigen Sommerblumen im Mittelpunkt und natürlich das Pflanzen der Dahlien. Ganz egal, ob du zum ersten Mal gärtnerst oder schon Erfahrung mitbringst: Dieses Buch wird dir dabei helfen, mit mehr Bedacht zu gärtnern und damit deinem Traumgarten ein Stück näher zu kommen.

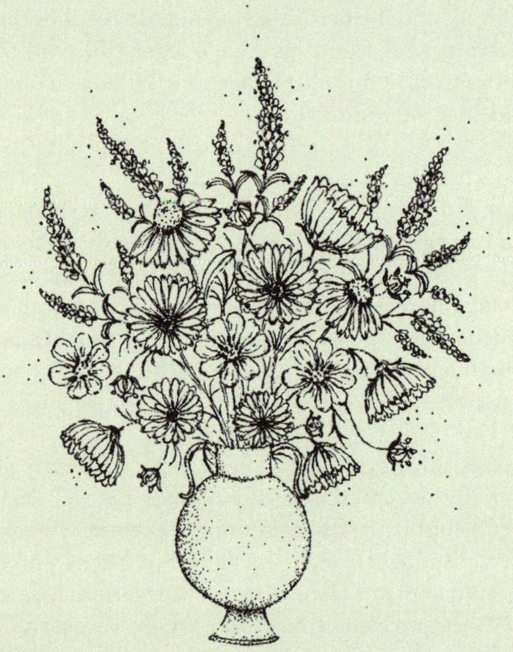

ESSENTIALS & PLANUNG

Bevor du in einem Blütenmeer schwelgen kannst, braucht es ein paar Dinge – und vor allem gute Planung. Auf den folgenden Seiten stelle ich dir meine Lieblingswerkzeuge vor und einige Vasenformen, die ich besonders gerne nutze. Und dann kannst du deinen Blütentraum zu Papier bringen und deine Blumenbeete planen. Falls du noch Inspiration brauchst: Meine liebsten Bücher über Blumen verrate ich dir auch. Eine umfangreiche Tabelle über Blütezeiten und -farben findest du übrigens ganz hinten im Buch.

WELCHE WERKZEUGE BRAUCHE ICH ALS BLUMENGÄRTNERIN IM GARTEN?

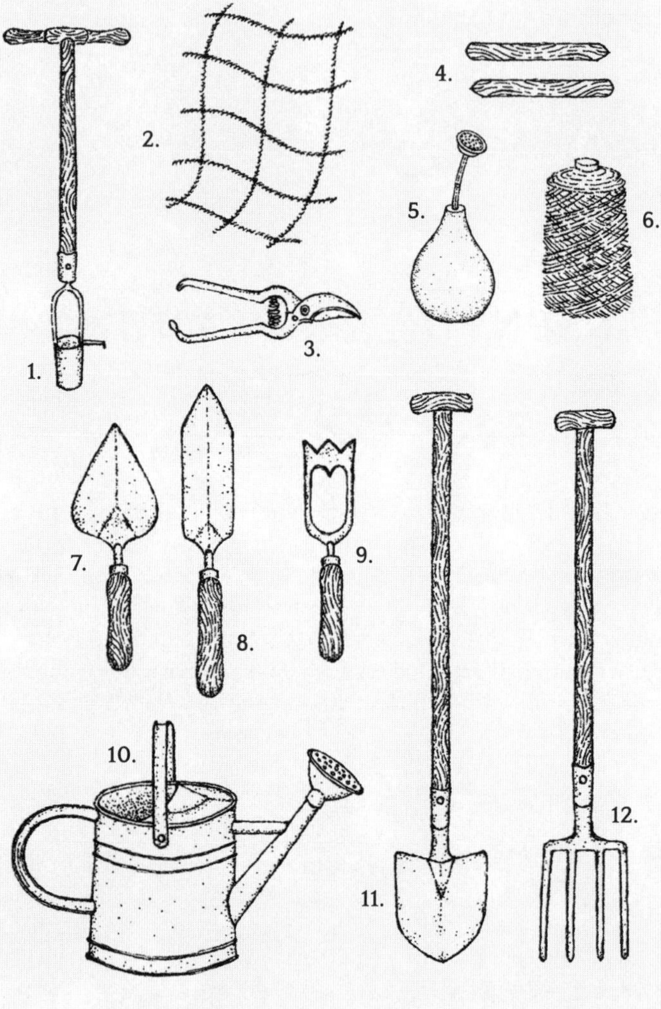

1. Zwiebelpflanzer **2.** Kletternetz **3.** Gartenschere **4.** Holzetiketten **5.** Ballbrause **6.** Juteschnur **7.** Pflanzkelle **8.** Handspaten **9.** Unkrautjäter **10.** Gießkanne **11.** Spaten **12.** Grabegabel

WELCHE WERKZEUGE BRAUCHE ICH ZUM BLUMEN ARRANGIEREN?

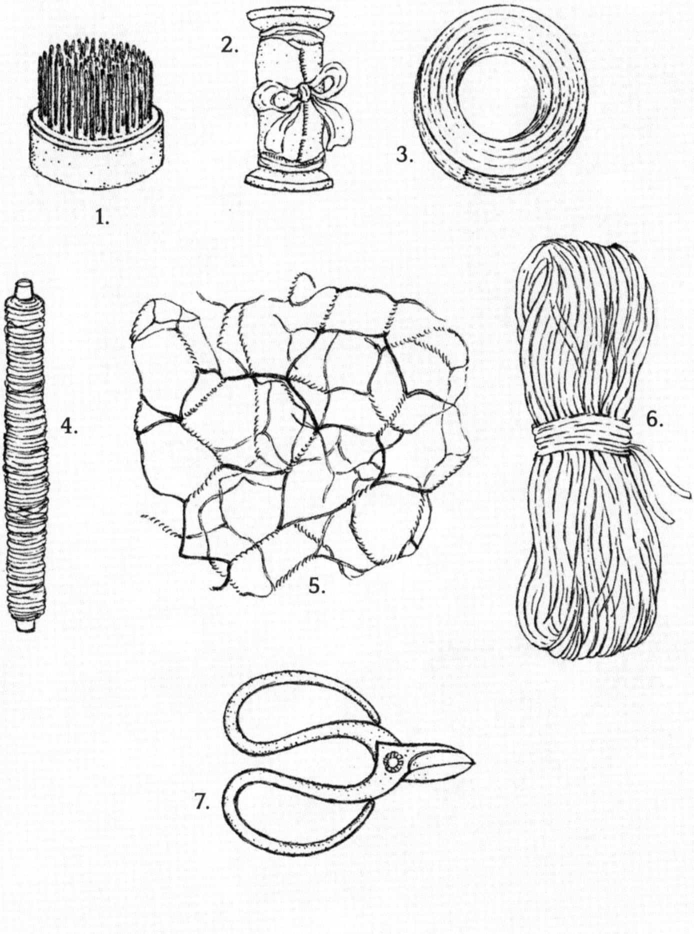

1. Flowerfrog **2.** Seidenband **3.** Flowertape **4.** Blumendraht **5.** Hasendraht **6.** Raffiabast **7.** Blumenschere

MEINE LIEBSTEN VASENFORMEN UND IHRE VERWENDUNG

1. Amphore **2.** Pokal **3.** Constance-Spry-Vase
4. Bowl **5.** Krug

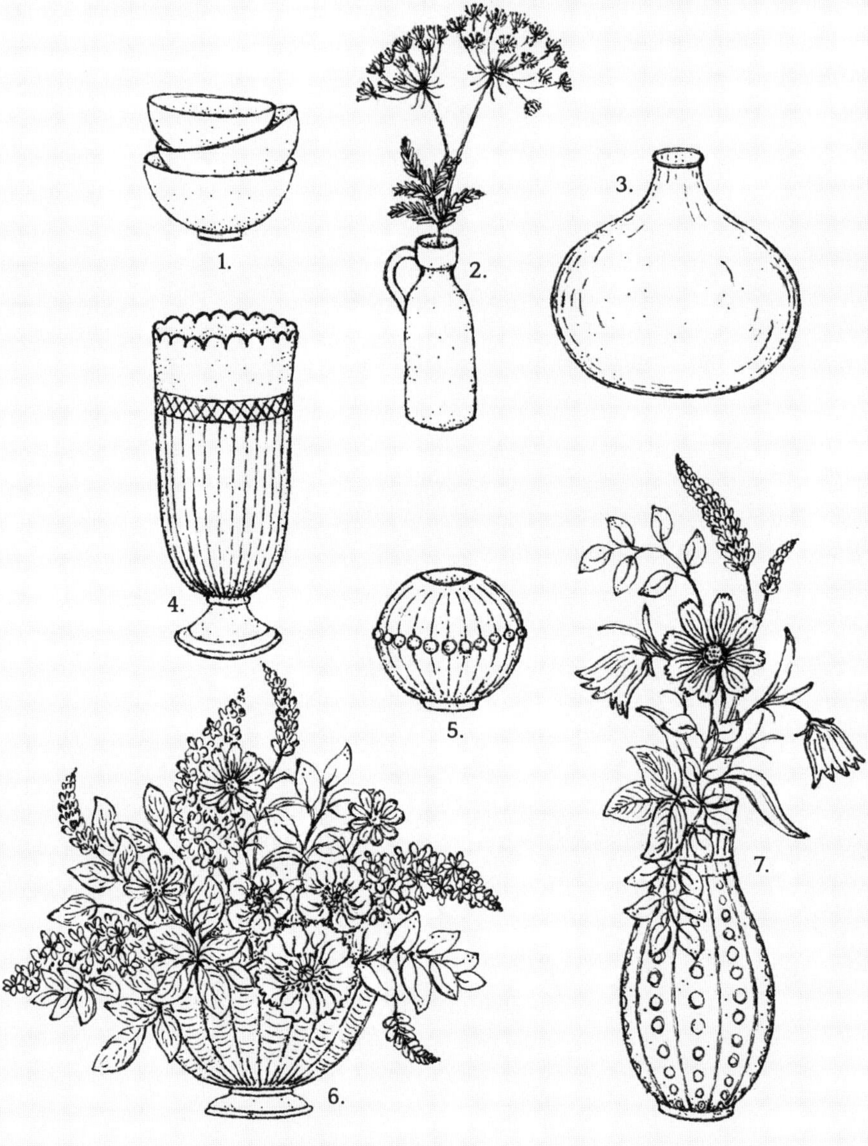

1. Bowls **2.** Vase für einen Blütenstiel **3.** Flaschenvase
4. hoher Pokal für Tulpen **5.** kleine Vase für kurze Stiele
6. ovale Vase **7.** Bauhaus-Vase

MOODBOARD

Wie soll dein Garten wirken?
Hier kannst du Bilder einkleben,
die dich inspirieren!

MOODBOARD

PROJEKTE FÜR DIESES JAHR

HIER KANNST DU DEINE BEETE PLANEN

HIER KANNST DU DEINE BEETE PLANEN

DIE 10 BESTEN GARTENBÜCHER
Inspiration für deinen Blumengarten

Amy Merrick: On Flowers. Lessons from an Accidental Florist; Artisan, New York City (2019)

The Land Gardeners: Cut Flowers; Thames and Hudson, London (2019)

Floret Farm's: A Year in Flowers; Abrahams & Chronicle, London (2020)

Floret Farm's: Discovering Dahlias; Abrahams & Chronicle, London (2021)

Floret Flower Farm: Mein wunderbarer Blumengarten; Deutsche Verlags-Anstalt, München (2018), übersetzt von Karin Heimberger-Preisler

James Fenton: A Garden from a Hundred Packets of Seed; Farrar, Strauss & Giroux, New York (2005)

Annabelle Hickson: A Tree in the House; Hardie Grant Books, Melbourne (2019)

Clare Foster und Sabina Rüber: The Flower Garden; Laurence King Verlag GmbH, Berlin (2019)

Louise Curley: Frische Blumen!; Gerstenberg Verlag, Hildesheim (2015), übersetzt von Dörte Fuchs und Jutta Orth

Bex Partridge: Trockenblumen; Haupt Verlag, Bern (2020), übersetzt von Sybille Heppner-Waldschütz

WELCHE BLUMEN SOLLEN IN DEINEM BLUMENGARTEN WACHSEN?

Name	**Blütezeit**	**Pflanzzeit** indoor	**Pflanzze** outdoo

eigene Notizen	Bezugsquellen

WELCHE BLUMEN SOLLEN IN DEINEM BLUMENGARTEN WACHSEN?

Name	**Blütezeit**	**Pflanzzeit** indoor	**Pflanzz** outdoo

eigene Notizen	Bezugsquellen

DEIN GARTENJAHR

Du hast nun eine Vorstellung davon, wie dein Blumengarten aussehen soll, hast Pläne geschmiedet und Beete geplant. Nun geht es los! Im Herbst kannst du Cool Flowers aussäen, Blumenzwiebeln und Stauden pflanzen – und falls du mit deiner Planung noch nicht allzu weit bist, macht das nichts: Im Herbst und Winter kannst du damit weitermachen.

SEPTEMBER

DER BLUMENGARTEN IM SEPTEMBER

AUFGABEN

- Blumensamen für das nächste Jahr sammeln und trocknen
- Cool Flowers säen
- Frühblühende Zwiebeln setzen: Schneeglöckchen, Zwerg-Iris, Krokus
- Auspflanzen von Zweijährigen
- Dahlien düngen, schneiden, wässern
- Einjährige düngen, schneiden, wässern
- Staudenbeete planen und bepflanzen; ggf. Lücken in vorhandenen Beeten füllen
- Sträucher pflanzen
- Blumenzwiebeln kaufen: Tulpen, Narzissen, Allium
- Kompost als Mulchschicht für den Winter auf Pfingstrosen, Rosen und Stauden aufbringen
- Einjährige und Hortensien schneiden und trocknen

ERNTE

Einjährige:
Strohblumen, Kosmeen, Zinnien, Ziertabak, Ringelblumen, Knorpelmöhren, Skabiosen, Fuchsschwanz, Kapuzinerkresse, Sonnenblumen

Stauden:
Purpur-Sonnenhüte, Gräser, Astern, Herbstanemonen, Wasserdost, Duftnesseln, Prachtkerze, hohes Eisenkraut

Kletterer:
spätblühende Clematis, Kletterrose, Glockenrebe, Kapuzinerkresse, Wicken, Wilder Wein, Efeu mit Fruchtständen

Sträucher:
Rosen, Hortensien

Zwiebeln und Knollen:
Dahlien

COOL FLOWERS
Winterharte Einjährige

Es mag ungewöhnlich wirken, Samen im Herbst zu säen. Aber wer es einmal mit sogenannten Cool Flowers (winterharten Einjährigen) versucht hat, wird überzeugt sein! So zart die Blüten, so robust und widerstandsfähig sind diese Pflanzen, die im Frühherbst gesät werden, draußen überwintern und im nächsten Jahr schon blühen, wenn die Saison der Sommerblumen noch in weiter Ferne liegt.

Wie es funktioniert:

- Suche dir einen regengeschützten, aber sonnigen Platz im Garten oder auf dem Balkon
- Verwende gute Aussaaterde und ein Saatgefäß deiner Wahl (z.B. Multitopfplatten oder einpflanzbare Töpfchen)
- Säe einen Samen pro Töpfchen und wässere regelmäßig
- Sobald die Jungpflanzen den Topf mit ihren Wurzeln ausfüllen, geht es ab ins Beet!
- Jungfer im Grünen, Mohn und Einjähriger Rittersporn können auch direkt ins Beet gesät werden, benötigen dann aber manchmal mehr Aufmerksamkeit: Unkräuter, starker Regen, überdüngter Boden und Co. sind die natürlichen Feinde von direkt gesätem Saatgut.

Tipp: Bei mir bekommen die Cool Flowers ein eigenes Beet, das funktioniert meist besser, als sie in eine schon bestehende Pflanzung zu integrieren.

KORNBLUME
JSLANDMOHN
WICKE
KNORPELMÖHRE
SKABIOSE
JUNGFER IM GRÜNEN
SONNENHUT
RITTERSPORN
RINGELBLUME

COOL FLOWERS – Die besten Sorten

Jedes Klima ist anders, und du wirst nicht umhinkommen, selbst zu testen, was bei dir funktioniert und was nicht. Hier aber dennoch eine kleine Hilfe.

Für sehr kalte Regionen:

ISLANDMOHN
(Papaver nudicaule)

EINJÄHRIGER RITTERSPORN
(Delphinium consolida)
'Fancy Smokey Eyes',
'Misty Lavender'

KORNBLUME
(Centaurea cyanus)
'Classic Fantastic', 'Classic Magic',
'Classic Romantic', 'Black Ball'

HASENOHR
(Bupleurum)

JUNGFER IM GRÜNEN
(Nigella damascena) 'Miss Jekyll',
(Nigella papillosa) 'African Bride',
(Nigella papillosa) 'Midnight'

SONNENHUT
(Rudbeckia hirta)
'Sahara'

RINGELBLUME
(Calendula officinalis)
'Bronzed Beauty',
'Snow Princess'

Für gemäßigte Regionen:

LÖWENMÄULCHEN
(Antirrhinum majus)
'Costa Apricot', 'Royal Bride'

KNORPELMÖHRE
(Ammi majus)

DUFTWICKE
(Lathyrus odoratus)
'Elegance Lavender'

DILL
(Anethum graveolens)

STRAHLDOLDE
(Orlaya grandiflora) 'White Lace'

WILDE MÖHRE
(Daucus carota) 'Dara'

GOLDMOHN
(Eschscholzia californica)
'Thai Silk Pink Champagne'

MUSCHELBLUME
(Moluccella laevis)

SKABIOSEN
(Scabiosa atropurpurea)
'Black Knight', 'Fata Morgana',
'Salmon Pink'

Tipp: Wenn du die Ansaat im September verpasst, kannst du die Sorten auch ab Februar im Haus ansäen und im März nach draußen setzen.

Deine Projekte im September

Rückblick - Was ist gelungen?
Was hat nicht funktioniert?

Lieblingspflanzen im September

Weitere Notizen

OKTOBER

DER BLUMENGARTEN IM OKTOBER

AUFGABEN

- Tulpen und Narzissen pflanzen
- Staudenbeete bepflanzen, ggf. Lücken füllen
- Wurzelnackte Bäume, Sträucher und Rosen pflanzen
- Frostempfindliche Pflanzen schützen
- Nach dem ersten Frost: Dahlien ausgraben und einlagern
- Bei Trockenheit wässern
- Weiter Saatgut ernten
- Cool Flowers ins Beet pflanzen
- Laub vom Rasen entfernen und in den Beeten verteilen

ERNTE

Einjährige:
Strohblumen, Kosmeen, Zinnien, Ziertabak, Ringelblumen, Knorpelmöhre, Skabiosen, Fuchsschwanz, Kapuzinerkresse, Sonnenblumen

Stauden:
Gräser, Astern, Herbstanemonen, Wasserdost, Lampionblume, Prachtkerze, hohes Eisenkraut, Sonnenhut, Fetthenne

Kletterer:
Kletterrose, Glockenrebe, Kapuzinerkresse, Wicken, Wilder Wein (jetzt mit roter Färbung), Efeu mit Fruchtständen

Sträucher:
Rosen (Hagebutten!), Hortensien, Zieräpfel, Liguster

Zwiebeln und Knollen:
Dahlien, Chrysanthemen

BLUMENZWIEBELN:
Masse und Klasse!

Blumenzwiebeln zu pflanzen ist kinderleicht – man kann nicht viel falsch machen und wird mit Blütenfarben und -formen belohnt, die absolut außergewöhnlich sind. Dennoch sollte man sich ein paar Gedanken über die Gestaltung machen. In kleinen Gruppen, womöglich noch in gerader Linie gepflanzt, wirken Tulpen und Narzissen schnell altmodisch und steif.

Hier die vier besten Tipps:

1. Suche dir drei bis maximal sechs Sorten aus, die gut miteinander harmonieren, und pflanze diese Mischung an verschiedenen Stellen im Garten. Die Wiederholung wirkt nicht langweilig – im Gegenteil: Erst darüber entsteht ein Wow-Effekt!

2. Pflanze mindestens 15 Zwiebeln pro Quadratmeter, besser die doppelte Menge. Die besten Plätze dafür findest du nahe an der Terrasse oder dem Eingang, hier kannst du die volle Schönheit der Blumen jeden Tag genießen. Auch bodentiefe Kübel sind perfekt. Setze die Zwiebeln hier für eine üppige Blüte ganz eng aneinander.

3. Mische die Sorten vor dem Pflanzen in einem großen leeren Karton, wirf jeweils eine Handvoll mit Schwung ins Beet und pflanze die Zwiebeln genau an der Stelle, an der sie liegen bleiben. Das wirkt sehr natürlich!

4. Narzissen und einige Tulpensorten blühen jedes Jahr wieder. Wähle zwei Drittel solcher Sorten und ergänze diese mit einem Drittel besonderer Sorten wie 'La Belle Epoque' oder 'Black Hero', die du jedes Jahr nachpflanzt. Das spart auf Dauer Kosten und Mühen. Wähle die mehrjährigen Sorten in neutralen Farben, dann kannst du mit den besonderen Sorten jedes Jahr experimentieren!

BLUMENZWIEBELN – Die besten Sorten

TULPEN

'Amazing Parrot',
'Apricot Parrot',
'Black Hero',
'Blue Diamond',
'Copper Image',
'Foxtrot',
'Francoise',
'Green Star',
'La Belle Epoque',
'Mango Charm',
'Mistress Mystic',
'Rosalie',
'Silk Road',
'Spring Green',
'Apricot Beauty',
'Purissima',
'Apricot Pride',
'Exotic Emperor',
'Apricot Impression',
'Light and Dreamy',
'Salmon Impression'

NARZISSEN

'Replete',
'Blushing Lady',
'Sophie Girl',
'Bridal Crown',
'Mount Hood',
'Thalia',
'Bell Song',
'Sir Winston Churchill',
'White Lion',
'Hungarian Rhapsody',
'Cum Laude'

... und als subtiles Highlight im Beet ist der Bulgarische Zierlauch (Nectaroscordum bulgaricum) zu empfehlen!

BRIDAL CROWN
BLACK HERO
SOPHIE GIRL
BELLE EPOQUE
BULGARISCHER ZIERLAUCH
MANGO CHARM

Deine Projekte im Oktober

Säen, Pflanzen, Ernten

Rückblick - Was ist gelungen?
Was hat nicht funktioniert?

Lieblingspflanzen im Oktober

Weitere Notizen

NOVEMBER

DER BLUMENGARTEN IM NOVEMBER

AUFGABEN

- Werkzeug säubern und pflegen
- Dahlien nach dem ersten Frost ausgraben, säubern und einlagern oder im Beet lassen und gut bedecken (Anleitung auf den folgenden Seiten)
- Laub auf alle Beete als Frostschutz aufbringen (außer Eichen-, Walnuss- und Kastanienlaub aufgrund der Gerbsäure)
- Hecken und Sträucher mit Laub mulchen
- Nicht zierende Pflanzenteile abschneiden (Samenstände stehen lassen, als Futterquelle und für Arrangements)
- Laubgehölze schneiden
- Paperwhite-Narzissen und Amaryllis pflanzen (Anleitung siehe Dezember)
- Trockenblumenkränze und Gestecke gestalten

ERNTE

Einjährige:
Strohblumen, Kosmeen, Zinnien, Ziertabak, Ringelblumen, Knorpelmöhre, Skabiosen, Fuchsschwanz, Kapuzinerkresse

Stauden:
Gräser, Astern, Herbstanemonen, Wasserdost, Prachtkerze, hohes Eisenkraut, Sonnenhut, Christrose, Fetthenne

Kletterer:
Kletterrose, Glockenrebe, Kapuzinerkresse, Wicken, Wilder Wein (jetzt mit roter Färbung), Efeu mit Fruchtständen

Sträucher:
Rosen (Hagebutten!), Hortensien, Winterkirsche, Zieräpfel, Liebesperlenstrauch, Weißdorn, Zierquitte

Zwiebeln und Knollen:
Dahlien, Chrysanthemen

SALMON RUNNER
CREME DE CASSIS
CORNEL BRONS
OMEGA
NICHOLAS

DAHLIEN ÜBERWINTERN
Zwei Wege für dauerhafte Blühfreude

Nachdem der erste Frost gekommen ist, sollten die Dahlien ausgegraben und winterfest gelagert werden. So dachte ich jahrelang. Bis ich es vor lauter Arbeit einmal nicht bewerkstelligen konnte und – siehe da: Einige der nicht ausgegrabenen Knollen trieben im Frühjahr wieder aus. Die einfache Erklärung: Die Winter werden wärmer, und selbst in kalten Regionen dringt der Frost manche Jahre nicht in tiefere Bodenschichten vor. Ob der Boden gefroren ist, erkennst du nicht an der Temperatur, sondern daran, ob er steinhart ist. Und ein weiteres Zauberwort heißt Mikroklima.
Es ist in fast jedem Garten zu finden: an Wasserstellen oder an der sonnenbeschienenen Hauswand, an schützenden Mauern und häufig in der Nähe der Terrasse. Hier ist es wesentlich wärmer und ein guter Ort für Dahlien.

Für Mutige:

- Suche im Frühjahr das perfekte Mikroklima, und pflanze die Dahlien an dem wärmsten Ort in deinem Garten.
- Sobald der Frost kommt, schneide die Dahlien ab und bedecke den Boden mit einer Schicht aus 15 cm Kompost und 20 cm Laub. Achte darauf, dass das Laub während des Winters nicht verweht.
- Entferne diese Schichten im Frühjahr wieder, und sei tapfer, wenn es Verluste gibt. In vielen Fällen wird es aber funktionieren!

Für Vorsichtige:

- Schneide den Stiel nach dem ersten Frosttag bodentief ab, grabe die Knolle vorsichtig aus und wasche sie ab.
- Lass sie an einem kühlen Ort trocknen, und beschrifte sie mit einem kleinen Zettel.
- Verstaue die Knollen in einer mit zerknülltem Zeitungspapier ausgelegten Kiste frostfrei, dunkel und kühl.
- Schaue im Laufe des Winters ab und zu nach: Die Knollen dürfen nicht feucht sein, da sie sonst faulen. Sie sollten aber auch nicht in gut beheizten Räumen gelagert werden, da sie hier vertrocknen würden. Ein kühler Keller ist ideal!
- Im Frühjahr kannst du deine Dahlien teilen. Dabei sollte ein sogenanntes Auge an jeder Knolle sein. Schau dir dazu am besten ein Video-Tutorial im Internet an, falls du noch keine Erfahrung damit hast.

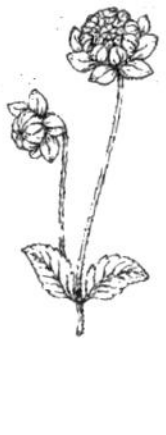

Deine Projekte im November

Säen, Pflanzen, Ernten

Rückblick - Was ist gelungen?
Was hat nicht funktioniert?

Lieblingspflanzen im November

Weitere Notizen

DEZEMBER

DER BLUMENGARTEN IM DEZEMBER

AUFGABEN

- Rückblick: Was hat dieses Jahr im Garten gut funktioniert? Was nicht?
- Projekte für das nächste Gartenjahr planen
- Blumenbeete planen
- Saatgut bestellen
- Frostempfindliche Pflanzen kontrollieren und ggf. Schutz anbringen/verstärken
- Kränze und Gestecke aus immergrünen Pflanzen und Trockenblumen arrangieren
- Paperwhite-Narzissen und Amaryllis pflanzen
- Barbarazweige am 4.12. schneiden

ERNTE

Stauden:
Samenstände von Stauden, Gräser, Christrosen, Farne, Stinkende Nieswurz

Kletterer:
Efeu

Sträucher:
Winterschneeball, Winterkirsche, verblühte Hortensien, Nadelgehölze, Gewöhnliche Stechpalme, Zieräpfel, Rosen (Hagebutten!), Mistel, Weißdorn, Gewöhnliche Schneebeere

Zwiebeln und Knollen:
Paperwhite-Narzissen, Amaryllis, Hyazinthen (indoor)

PAPERWHITE-NARZISSEN

PAPERWHITE-NARZISSEN: Blumen für den Winter

Für Gärtnerinnen ist der Winter eine harte Jahreszeit. Das ändert sich jedoch schnell, wenn man die wunderschönen Paperwhite-Narzissen für sich entdeckt! Sie werden im Haus in Töpfe gesetzt und blühen meist nach etwa vier bis sechs Wochen mit wunderschöner Blüte und betörendem Duft. Im Gegensatz zu unseren Gartennarzissen benötigen sie keine Kälteperiode.

Und so funktioniert es:

- Du brauchst eine Vase oder einen wasserdichten Topf, Kieselsteine oder Ähnliches und natürlich die Narzissenzwiebeln
- Bedecke den Boden des Pflanzgefäßes mit einer mindestens drei Zentimeter hohen Schicht aus Steinen.
- Setze die Zwiebeln mit der Spitze nach oben eng nebeneinander, und stabilisiere sie an den Seiten und Zwischenräumen ebenfalls mit Steinen. Die Spitze der Zwiebeln sollte allerdings zu sehen sein.
- Fülle so viel Wasser in das Gefäß, dass dieses die Zwiebel leicht berührt. Achtung: Steht die Zwiebel voll im Wasser, kann sie faulen.
- Stelle das Gefäß an einen kühlen Platz im Haus (15 bis 18 Grad), und fülle das Wasser immer wieder auf.
- Sobald die Wurzeln erscheinen, kommt das Gefäß an einen sonnigen Platz, am besten direkt an eine Fensterscheibe ohne Heizung darunter (es darf den Zwiebeln nicht zu warm werden).
- Sobald die Blüten erscheinen, sollte das Gefäß wieder aus der direkten Sonne genommen werden, das verlängert die Blütezeit um ein bis zwei Wochen!

Tipps: Wenn du lange Freude an Paperwhite-Narzissen haben willst, bepflanze alle zwei bis drei Wochen ein Gefäß für eine durchgehende Blüte über die Wintermonate. Und falls deine Paperwhites umzufallen drohen, stütze sie mit ein paar umgeknickten Zweigen, die du zwischen die Kieselsteine steckst.

Deine Projekte im Dezember

Säen, Pflanzen, Ernten

Rückblick - Was ist gelungen?
Was hat nicht funktioniert?

Lieblingspflanzen im Dezember

Weitere Notizen

JANUAR

DER BLUMENGARTEN IM JANUAR

AUFGABEN

- Bäume und Hecken schneiden (an frostfreien Tagen)
- Projekte und Beete für das Gartenjahr planen
- In Gartenbüchern schwelgen
- Saatgut bestellen
- Frostempfindliche Pflanzen kontrollieren und ggf. Schutz anbringen
- Kränze und Gestecke aus immergrünen Pflanzen und Trockenblumen arrangieren

ERNTE

Stauden:
Samenstände von Stauden, Gräsern, Christrosen, Farnen, Stinkendem Nieswurz

Kletterer:
Efeu

Sträucher:
Winterschneeball, Winterkirsche, Nadelgehölze, Gewöhnliche Stechpalme, Zieräpfel, Rosen (Hagebutten!), Mistel, Weißdorn, Gewöhnliche Schneebeere

Zwiebeln und Knollen:
Schneeglöckchen

PLANEN UND BESTELLEN
Tipps und Tricks für den perfekten Schnittblumengarten

Die Planung der Sorten und Blumenbeete ist die wichtigste Grundlage für ein erfolgreiches Gartenjahr. Als ich anfing zu gärtnern, habe ich es oft übertrieben. Ich habe viel zu viele Samensorten bestellt, hatte kein wirkliches Farbkonzept und habe zu wenig Augenmerk auf die Bedingungen in meinem Garten gelegt. Deswegen hier die wichtigsten Regeln, um diese Anfängerfehler zu vermeiden:

1. Um später tolle Sträuße zu ernten, solltest du eine ausgewogene Mischung an Blumen pflanzen: opulente Blüten, Begleitblumen, die zu Ersteren farblich passen, „Füllmaterial" und „luftige" Pflanzen, deren Blüten für die nötige Wildheit und Dreidimensionalität sorgen.

2. Das Schnittblumenbeet braucht den besten Platz im Garten. Das heißt: sechs bis acht Stunden Sonne am Tag, kein Wurzeldruck von Gehölzen, möglichst wenig Wind und viel Wärme. Den Boden solltest du prüfen und mit Kompost verbessern.

3. Weniger ist mehr: Schon mit fünf Quadratmetern Beetfläche lassen sich schöne Sträuße ernten, es muss nicht gleich ein großes Beet sein. Kümmere dich lieber um weniger Pflanzen, dafür aber mit voller Aufmerksamkeit. Das heißt vor allem: ausreichend Bio-Dünger, regelmäßiger Schnitt und Wasser an heißen Tagen!

4. Es ist einfacher, dem Schnittblumengarten ein eigenes Terrain zu geben, als Einjährige in bestehende Staudenbeeten zu integrieren. Eine sogenannte "Mixed Border", die aus Stauden, Dahlien, Gehölzen und Einjährigen besteht, ist eher etwas für fortgeschrittene Gärtnerinnen.

5. Kauf deine Pflanzen am besten in guten Gärtnereien und professionellen Shops und nicht im Baumarkt oder Supermarkt. Es gibt gewaltige Qualitätsunterschiede, die du später im Garten bemerken wirst. Günstige Pflanzen werden oft mit viel mineralischem Dünger vollgepumpt und gehen im Freiland eher ein als Pflanzen, die auf „traditionelle" Art produziert werden. Bei Saatgut ist die Keimfähigkeit relevant und bei Blumenzwiebeln die Größe der Zwiebel. Eine Staude sollte einen gut durchwurzelten Ballen haben. Dieser ist entscheidender als die Blätter und Blüten.

1.
2.
3.

TROCKENBLUMENKRANZ
Schöne Blumenarrangements für die Winterzeit

Der Winter ist eine herausfordernde Zeit für ungeduldige Blumengärtnerinnen. Zufrieden ist, wer im Sommer genug Blumen getrocknet hat, um auch im Winter florale Arrangements zu kreieren. Wunderschön sind Trockenblumenkränze, die viele Jahre halten, wenn sie an einem Ort ohne direkte Sonneneinstrahlung aufgehängt werden.

Material:

- Trockenblumen, Blumendraht, Blumenschere
- Ein Reifen aus Holz, Metall oder Weidenruten, 20 bis 40 Zentimeter im Durchmesser
- Band oder Kordel zum Aufhängen
- Optional: ein Band aus handgefärbter Seide

Anleitung:

1. Fertige zunächst kleine Sträußchen aus Trockenblumen an. Wähle dafür immer die gleichen vier bis sechs Sorten, dies sieht harmonischer aus. Binde die Sträuße jeweils mit Draht zusammen, und lass etwa fünf Zentimeter Draht überstehen.

2. Jetzt legst du die kleinen Sträuße überlappend auf den Kranz und bindest sie mit dem überstehenden Draht fest. Dieser sollte jetzt nicht mehr zu sehen sein.

3. Überlege dir vorher das Design: Du kannst den ganzen Kranz füllen oder nur zwei Drittel. Schön sieht es aus, wenn du nur die Hälfte des Kranzes füllst und bei dieser Hälfte die Sträuße zwei Drittel von rechts und ein Drittel von links bindest. Wenn noch Draht sichtbar bleibt, klebe mit der Heißklebepistole ein paar Trockenblumenblüten auf.

4. Ein zusätzliches Element kann ein Seidenband sein, das du einmal um den Kranz bindest und runterhängen lässt.

Die besten Blumen zum Trocknen: Strohblumen, Strandflieder, Einjähriger Rittersporn, die Samenkapseln von Mohn und Jungfer im Grünen, Ziergräser, Wilde Möhre, Disteln, Schleierkraut, Schafgarbe, Mondviole (die Samenstände!), Hortensien, Lampionblume, Zierapfel

Deine Projekte im Januar

Säen, Pflanzen, Ernten

Rückblick - Was ist gelungen?
Was hat nicht funktioniert?

Lieblingspflanzen im Januar

Weitere Notizen

FEBRUAR

DER BLUMENGARTEN IM FEBRUAR

AUFGABEN

- Gräser und die Samenstände und Stiele von Stauden schneiden
- Hortensien schneiden
- Laub von den Beeten entfernen
- ggf. Rankgerüste aus Weiden oder Hasel bauen
- Zubehör für die Ansaat besorgen, anbringen/verstärken

ERNTE

Stauden:
Christrosen, Lenzrosen

Kletterer:
Efeu

Sträucher:
Zaubernuss, Hasel, Kornelkirsche, Winterschneeball, Winterkirsche, Rosen (Hagebutten!)

Zwiebeln und Knollen:
Schneeglöckchen

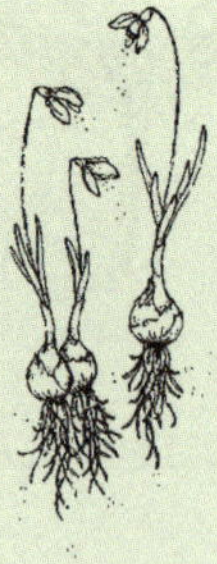

URBAN CUT FLOWERS – Ein Schnittblumengarten in der Stadt

Ich liebe Großstädte, und für mich schließt sich Gärtnern und Stadtleben keineswegs aus. Im Gegenteil: Häufig ist es viel leichter, in einen kleinen Stadtgarten die nötige Fülle zu bringen, während ein großer Landgarten die Pflanzen förmlich „schluckt“ und ewig braucht, um opulent auszusehen. Und Schnittblumen in der Stadt sind geradezu perfekt: Sie benötigen so wenig Platz und bezaubern mit extralanger Blütezeit. Hier die wichtigsten Tipps für ein urbanes Blütenmeer:

- Grundsätzlich lassen sich alle Gartenblumen auch auf dem Stadtbalkon kultivieren, es ist aber häufig ratsam, zierlichere Sorten zu verwenden.
- Einjährige, Blumenzwiebeln und Dahlien werden in Kübel genauso gepflanzt wie im Garten, aber du kannst sie ruhig etwas enger setzen. Als Faustregel gilt: 30 Zentimeter tief sollte Erde vorhanden sein, je größer die Pflanze, desto größer sollte der Kübel sein. Für Balkonkästen eignen sich eher niedrige Sorten. Regelmäßiges Düngen mit Bio-Flüssigdünger ist Pflicht.
- Wind, Wasser und Sonne sind in der Stadt häufig ein größeres Problem als auf dem Land: Die Häuserschluchten verschatten, der Wind pfeift auf dem Balkon im 5. Stock, und wer gießt, wenn du im Urlaub bist? Stelle die Kübel mit den Blumen an den sonnigsten Ort, schütze sie bei Bedarf mit Matten oder kleinen Gehölzen gegen Wind. Und kaufe eine automatische Balkonbewässerungsanlage oder Tonkegel, falls du keinen Wasseranschluss auf dem Balkon hast.
- Stelle größere und kleinere Kübel zusammen, und pflanze Blumen in verschiedenen Höhen. Das wirkt schön wild und natürlich. Pflanze für das Frühjahr Tulpen und Narzissen, und befülle diese Kübel ab Mitte Mai mit vorgezogenen Einjährigen und Dahlien.
- Nutze jede mögliche vertikale Fläche zum Begrünen: Clematis, Geißblatt, Kletterrosen, Kapuzinerkresse, Wicken und Glockenrebe können überall wachsen. Auch am Müllhäuschen oder der Fahrradgarage.

URBAN CUT FLOWERS – Die besten einjährigen Sorten für den Balkon

ZIERTABAK
(Nicotiana alata)
'Lime Green',
'Grandiflora'

KAPUZINERKRESSE
(Tropaeolum majus)
'Salmon Gleam',
'Milkmaid'

(Tropaeolum minus)
'Ladybird Rose'

RINGELBLUME
(Calendula officinalis)
'Bronzed Beauty'

GOLDMOHN
(Eschscholzia californica)
'Thai Silk Appleblossom',
'Thai Silk Pink Champagne'

STRAHLDOLDE
(Orlaya grandiflora)
'White Lace'

KOSMEE
(Cosmos bipinnatus)
'Apricot Lemonade',
'Cosmix White',
'Xanthos'

ZINNIE
(Zinnia elegans)
'Benary's Giant Lime',
'Benary's Giant Salmon Rose',
'Queen Red Lime',
'Zinderella Lilac',
'Zinderella Peach'

SONNENHUT
(Rudebeckia hirta)
'Sahara'

SOMMER-PHLOX
(Phlox drummondii)
'Cherry Caramel',
'Crème Brûlée'

Deine Projekte im Februar

Säen, Pflanzen, Ernten

Rückblick - Was ist gelungen?
Was hat nicht funktioniert?

Lieblingspflanzen im Februar

Weitere Notizen

MÄRZ

DER BLUMENGARTEN IM MÄRZ

AUFGABEN

- Winterharte Einjährige Cool Flowers direkt draußen säen
- Samen im Haus ansäen
- Kapuzinerkresse säen für ein Blumentipi
- Dahlien teilen und in Töpfen an frostfreier Stelle vorziehen
- Stauden pflanzen, alte Stauden teilen
- Sträucher pflanzen
- Neue Beete anlegen und Boden verbessern
- Rosen schneiden
- Kompost ansetzen
- Beete jäten und restliches Laub entfernen, ggf. Blumenzwiebeln beim Austrieb düngen
- Rasen Ende März mähen, nachsäen und düngen
- Rankgerüste anbringen
- Ggf. Kletterpflanzen für ein Blumentipi ansäen (Anleitung s. S. 114/115)

ERNTE

Stauden:
Kuhschelle, Lenzrose, Duft-Veilchen, Kaukasus-Vergissmeinnicht

Kletterer:
Efeu

Sträucher:
Blutpflaume, Frühlingsspiere, Schneeforsythie, Sternmagnolie, Traubenkirsche

Zwiebeln und Knollen:
Zwiebeln und Knollen: Narzissen, Tulpen, Märzenbecher, Iris

ANZUCHT FÜR ANFÄNGER
Ein einfacher Weg, Blumen aus Samen zu ziehen

Samen anzusäen war für mich früher immer eine Art Geheimwissenschaft. Damals bin ich noch ins Gartencenter gerannt und kam mit großen, teuren getopften Pflanzen zurück, die eine Woche später nicht mehr blühten. Was ist mir bloß entgangen! Blumen aus Samen zu ziehen, ist die günstigste, nachhaltigste und blütenreichste Art zu gärtnern. Hier eine Kurzanleitung ohne Schnickschnack für alle, die es noch nie versucht haben.

Du brauchst:

- Kleine einpflanzbare Töpfchen oder gleich eine Multitopfplatte
- Spezielle Aussaaterde
- Bio-Flüssigdünger
- Kleine Gießkanne mit feinem Brausekopf oder Ballbrause
- Saatgut
- Ggf. Holzetiketten zum Beschriften

1. Erde in die Töpfchen füllen, behutsam wässern und in ein kleines Loch, das du mit einem Stift eindrückst, einen Samen einfüllen (Ausnahme Lichtkeimer: diese einfach auf die Erde streuen).

2. An einen warmen Platz auf dem Fensterbrett mit viel Licht stellen und die Erde feucht halten.

3. Nach kurzer Zeit erscheint ein kleines Jungpflänzchen. Vier Wochen nach der Keimung solltest du das erste Mal düngen, und ab Mitte Mai geht es mit der Pflanze frühestens nach draußen.

PFLANZ-
ERDE
AMMi

DUNKELKEIMER LICHTKEIMER
PIKIEREN

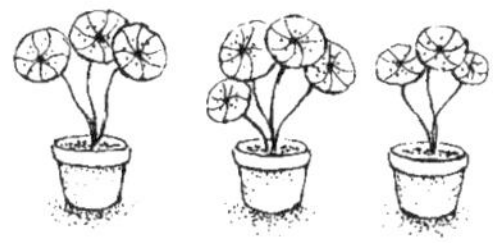

Worauf du besonders achten musst:

Wer den Dreh einmal raus hat, wird jedes Jahr seine eigenen Pflanzen ziehen. Dennoch passieren am Anfang häufig Fehler, und dann geht bald die Motivation verloren. Ich habe sie alle einmal gemacht – hier deswegen die besten Tipps, um gleich einen grandiosen Start als Blumengärtnerin hinzulegen:

- Es ist alles eine Frage des Timings: Fang nicht zu früh an. Im Februa brauchen deine Jungpflanzen noch künstliches Licht, das macht die Sache kompliziert. Nur Cool Flowers kannst du schon im kalten Frühjahr direkt draußen ansäen. Alle anderen Sorten sind Mitte März im Haus dran.
- Zu viel Wärme in Kombination mit zu wenig Licht lässt die Pflänzchen „vergeilen": Sie schießen in die Höhe, bekommen lange, dünne Stiele und kippen irgendwann um. Lösung: mehr Licht, weniger Wärme.
- Pro Töpfchen sollte nur eine Jungpflanze wachsen. Zieh die anderen vorsichtig heraus, und pflanze sie in ein neues Töpfchen (das nennt man Pikieren). Sonst ist die Konkurrenz um Nährstoffe einfach zu groß.
- Apropos Nährstoffe: Anzuchterde ist sehr nährstoffarm. Größere Jungpflanzen benötigen mehr, deswegen ist Düngen bei den meisten Sorten wirklich notwendig. Bio-Flüssigdünger alle ein bis zwei Wochen ist Pflicht!
- Die Frostgefahr ist in Deutschland trotz Klimawandel erst Mitte Mai (nach den „Eisheiligen") vorbei. Alle nicht winterharten Pflanzen gehören auch wirklich erst ab diesem Zeitpunkt an die frische Luft. Ein einziger Frosttag, und die ganze Mühe war umsonst.
- Ungeduld ist immer ein Fehler: Um aus den Samen eine stattliche Pflanze werden zu lassen, müssen in der Regel drei Monate vergehen. Viele, die im Juni verzweifeln („Sie wachsen einfach nicht!"), schwelgen im August in einem Blütenmeer. Der Frühsommer ist die Zeit für Blumenzwiebeln, Stauden und die sogenannten Cool Flowers (winterharte Einjährige, siehe Tipps im September). Nicht winterharte Sommerblumen und Dahlien verzaubern uns von Juli/August bis zum ersten Frost mit ihrer Pracht!

Deine Projekte im März

Säen, Pflanzen, Ernten

Rückblick - Was ist gelungen?
Was hat nicht funktioniert?

Lieblingspflanzen im März

Weitere Notizen

APRIL

DER BLUMENGARTEN IM APRIL

AUFGABEN

- Unkraut jäten und Beete mulchen
- Kompost und Hornspäne in Beete einarbeiten
- Triebe der Einjährigen und vorgezogenen Dahlien entspitzen (d.h., den Haupttrieb oberhalb eines Blattpaares kappen, damit die Pflanze sich schön verzweigt)
- Weiter Samen säen
- Rosen schneiden
- Verblühte Blüten von Tulpen und Narzissen schneiden (das Laub stehen lassen, bis es gelb wird)
- Stützhilfen für Blumen aufstellen
- Austrieb der Stauden kontrollieren und ggf. Lücken bepflanzen
- Im Herbst blühende Zwiebeln pflanzen

ERNTE

Stauden:
Bergenien, Primeln, Lenzrosen, Christrosen, Kuhschelle

Kletterer:
frühblühende Clematis, Blauregen

Sträucher:
(Zier-)Obstzweige, Flieder, Weigelie, Felsenbirne, Tulpenmagnolie, Blutjohannisbeere

Zwiebeln und Knollen:
Narzissen, Tulpen, Kaiserkronen, Traubenhyazinthen, Ranunkeln

FAST & FURIOUS – Die schnellsten Pflanzen für ungeduldige Gärtnerinnen

Ich gebe zu, die wichtigste Eigenschaft einer Gärtnerin fehlt mir völlig: Geduld. Wenn ich etwas im Kopf habe, möchte ich es gleich umsetzen und sehen. Ein paar Jahre zu warten, das käme für mich nicht infrage. Gehölze kaufe ich gerne groß und spare dann lieber bei den Blumen, die ich aus Samen ziehe. Besonders, wer in ein neues Haus zieht oder seinen Garten umgestaltet, möchte schnell Fülle und Blütenpracht. Deswegen hier meine Liste der wirklich schnellen Pflanzen:

Gehölze:
Bauernjasmin
Perlmuttstrauch
Rosen
Flieder

Stauden:
Spornblume
Gräser
Purpur-Sonnenhut
Storchenschnabel
Lupinen
Nachtviolen
Wiesenkerbel
Stockrosen
Fingerhut
Prachtkerze
Leinkraut
Akeleien

Kletterpflanzen:
Glockenrebe
Kapuzinerkresse
Blauregen
Rambler-Rosen
Clematis

Generell gehören in diese Aufzählung alle Dahlien, Einjährigen und Blumenzwiebeln, die meist nach drei bis sechs Monaten zur vollen Blüte gelangen!

Deine Projekte im April

Säen, Pflanzen, Ernten

Rückblick - Was ist gelungen?
Was hat nicht funktioniert?

Lieblingspflanzen im April

Weitere Notizen

MAI

DER BLUMENGARTEN IM MAI

AUFGABEN

- Jungpflanzen regelmäßig gießen
- Jungpflanzen draußen vor dem Auspflanzen stundenweise „abhärten"
- Unkraut jäten und Beete mulchen
- Nicht winterharte Einjährige nach den Eisheiligen nach draußen pflanzen
- Dahlien draußen pflanzen
- Samen direkt draußen säen
- Schneckenschutz anbringen
- Verblühte Blüten von Tulpen und Narzissen schneiden (das Laub stehen lassen, bis es gelb wird)
- Wildtriebe von Rosen entfernen, Rosenkrankheiten rechtzeitig behandeln
- Kletterpflanzen stützen
- Einen weiteren Schwung einjähriger Sommerblumen säen für Blüten im Spätsommer (2. Folgesaat)
- Stauden wie Astern oder Phlox entspitzen (die Hälfte der Triebe einkürzen)
- Lücken in Staudenbeeten füllen

ERNTE

Zwiebeln und Knollen:
späte Tulpensorten, Iris, Zierlauch

Einjährige:
früh gesäte Cool Flowers, Mohn, Jungfer im Grünen, Ringelblume, Muschelblume, Kornblume, Löwenmäulchen

Stauden:
Pfingstrosen, Akelei, Wiesenkerbel, Tränendes Herz, Kaukasus-Vergissmeinnicht

Kletterer:
Clematis, Blauregen

Sträucher:
(Zier-)Obstzweige, Flieder, Weigelie, Perlmuttstrauß, Deutzie

AB NACH DRAUSSEN!
Den Schnittblumengarten füllen

Der Mai ist der spannendste Monat im Schnittblumengarten. Jetzt geht es endlich los! Ab Mitte des Monats dürfen all die kleinen, nicht winterharten Jungpflanzen in den Garten und richtig durchstarten. Zugleich ist es auch ein schwieriger Monat: Man setzt die kleinen Pflänzchen in die Erde, und dann wächst das Unkraut manchmal schneller als die Pflanze. Hier kommen meine Tipps für ein gutes Gelingen unter freiem Himmel:

- Warte definitiv bis zum 15. Mai mit dem Auspflanzen, auch wenn es zwei Wochen früher schon 30 Grad hat. Ich habe Jahre erlebt, in denen der Nachtfrost im Mai noch mal gezeigt hat, wer das Sagen hat.
- Das Wichtigste ist jetzt der Boden: Er sollte die beste Erde enthalten, locker sein und völlig unkrautfrei. Falls nicht, versuch es mit der No-Dig-Methode: Die Fläche wird dabei mit einer Schicht Pappe ausgelegt. Darauf werden zehn bis zwanzig Zentimeter Kompost angehäufelt. In diese Schicht wird jetzt gepflanzt! Gut wässern nicht vergessen. Der Karton hält die im Boden wurzelnden Unkräuter in Schach, bis das Beet zugewachsen ist.
- Weniger ist mehr, und das gilt besonders für den Pflanzabstand. Pflanze lieber etwas dichter als zu weitläufig. Die Pflanzen strecken sich nach oben, und die Erde ist schnell bedeckt. Offener Boden ist eine herzliche Einladung an Unkräuter aller Art.
- Regelmäßig wässern und düngen. Einjährige Schnittblumen erfordern mehr Aufmerksamkeit als Stauden oder Gehölze, geben einem mit ihrer endlosen Blütenfülle aber auch viel zurück.

KOSMEE
KAPUZINER-
KRESSE
ZIERTABAK
SOMMER-PHLOX
KOSMEE
ZINNIE

FROSTEMPFINDLICHE EINJÄHRIGE – Die besten Sorten

FUCHSSCHWANZ
(Amaranthus caudatus)
'Green Cascade'

GLOCKENREBE
(Cobaea scandens)
'Violet'

KOSMEE
(Cosmos bipinnatus)
'Apricot Lemonade',
'Cosmix White',
'Cupcake Blush',
'Rosetta',
'Velouette',
'Xanthos'

SONNENBLUME
(Helianthus debilis)
'Italian White'

STROHBLUME
(Helichrysum bracteatum)
'Salmon Rose',
'Scarlet',
'Silvery Rose',
'White'

DUFTWICKE
(Lathyrus odoratus)
'Spring Sunshine Champagne',
'Spring Sunshine Cream',
'Spring Sunshine Light Blue',
'Spring Sunshine Peach'

STRANDFLIEDER
(Limonium sinuatum)
'QIS Apricot',
'QIS Pastel'

ZIERTABAK
(Nicotiana alata)
'Grandiflora',
'Lime Green'

RUTENHIRSE
(Panicum virgatum)
'Fontaine'

SOMMER-PHLOX
(Phlox drummondii)
'Cherry Caramel',
'Crème Brûlée'

KAPUZINERKRESSE
(Tropaeolum majus)
'Salmon Gleam',
'Milkmaid'

(Tropaeolum minus)
'Ladybird Rose'

ZINNIE
(Zinnia elegans)
'Benary's Giant Lime',
'Benary's Giant Salmon Rose',
'Queen Red Lime',
'Zinderella Lilac',
'Zinderella Peach'

BLUMENTIPI
Ein Projekt für kleine Blumengärtnerinnen

Ein Blumentipi ist ein wundervolles Projekt für Kinder im Garten. Sie lernen einerseits wichtige Elemente des Gärtnerns und der Pflanzen kennen, andererseits haben sie danach den ganzen Sommer lang ein tolles Versteck, in dem sich wunderbare Rollenspiele umsetzen lassen.

Material:

- Sechs bis zehn lange Stöcke (mindestens 170 Zentimeter, besser länger)
- Samen von Kapuzinerkresse
- Kleine einpflanzbare Pflanztöpfchen
- Aussaaterde
- Juteschnur

1. Stecke die Stöcke kreisrund auf der Fläche deines Tipis in den Gartenboden, und binde sie oben fest zusammen wie ein Zelt.

2. Jetzt musst du die Juteschnur quer und längs um die Stöcke wickeln, damit ein Rankgitter entsteht.

3. Zwischen zwei nebeneinanderliegenden Stöcken bindest du keine Schnur, das wird der Eingang.

4. Setze jeweils einen Samen einen Zentimeter tief in die Mitte der Töpfchen, und bedecke sie mit Erde. Stelle den Topf auf ein sonniges Fensterbrett, und halte die Erde schön feucht.

5. Schon bald wird eine kleine Pflanze erscheinen, die du samt Topf ab Mai nach draußen an das Rankgitter pflanzen kannst. Alle 15 Zentimeter sollte eine Pflanze an deinem Tipi hochwachsen können.

Gieße und dünge sie regelmäßig, und schon bald wird dein ganzes Tipi dicht bewachsen sein!

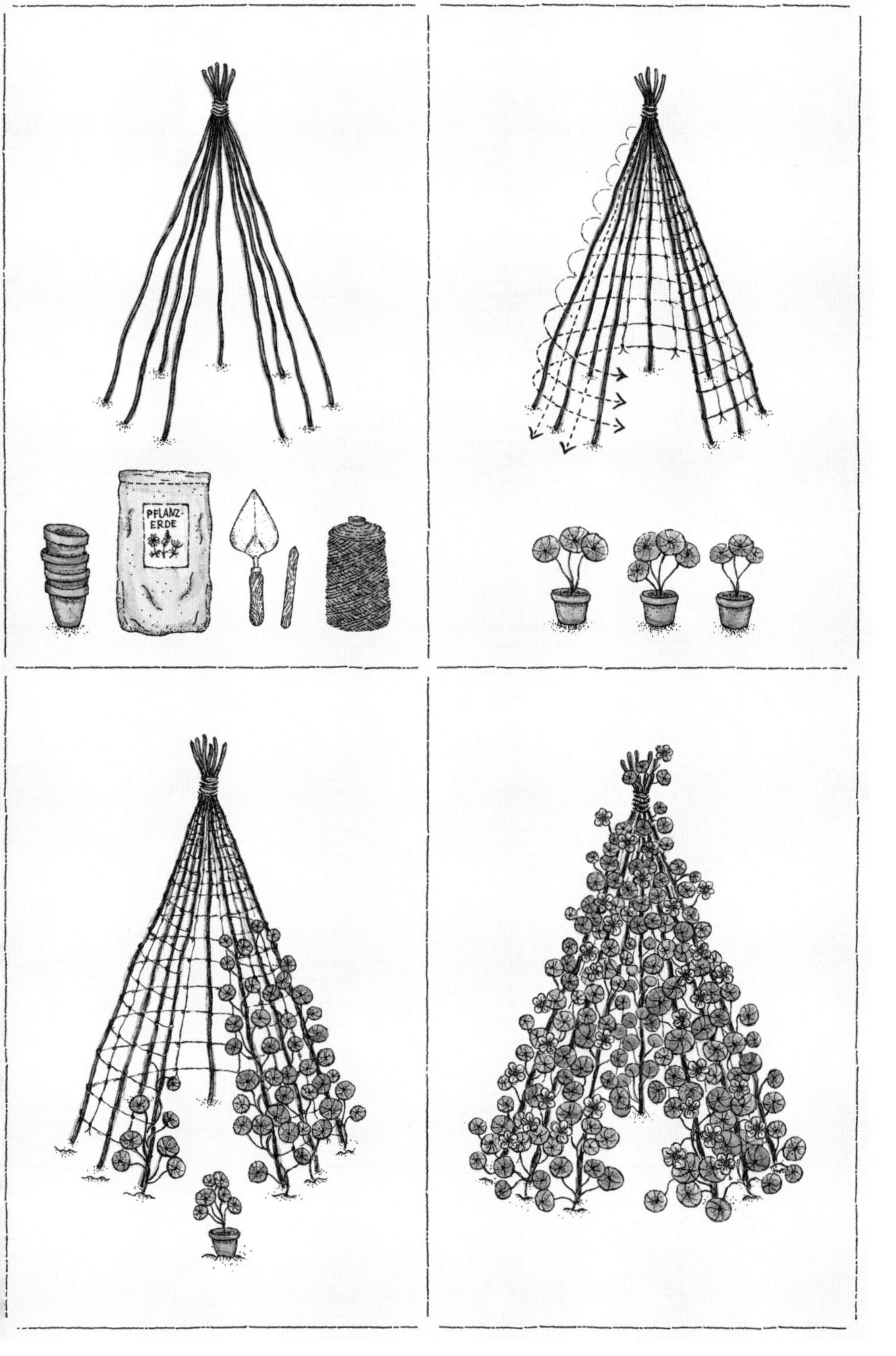
PFLANZ-
ERDE

Deine Projekte im Mai

Säen, Pflanzen, Ernten

Rückblick - Was ist gelungen?
Was hat nicht funktioniert?

Lieblingspflanzen im Mai

Weitere Notizen

JUNI

DER BLUMENGARTEN IM JUNI

AUFGABEN

- Mit dem regelmäßigen Schnitt der Blumen beginnen, Verblühtes ausputzen, damit die Pflanze (noch) keine Samen ansetzt und somit die Blüte einstellt
- Regelmäßig düngen und gießen
- Stützhilfen kontrollieren
- Flieder nach der Blüte schneiden
- Zweijährige Blumen direkt draußen säen
- Einen letzten Schwung einjährige Blumen säen für eine Blüte im Herbst (3.Folgesaat)
- Dahlien an Stützen festbinden
- Frühblühende Stauden nach der Blüte schneiden, für frisches Grün im Beet
- Automatische Bewässerung für die Urlaubszeit installieren
- Rosen nach der ersten Blüte düngen
- Regelmäßig Unkraut jäten

ERNTE

Einjährige:
Strohblumen, Kosmeen, Zinnien, Ziertabak, Ringelblumen, Knorpelmöhren, Skabiosen, Fuchsschwanz, Kapuzinerkresse, Sonnenblumen, einjähriger Rittersporn, Goldmohn, Löwenmäulchen, Kornblumen, Strandflieder, einjähriger Phlox

Stauden:
Pfingstrosen, Schafgarbe, Margeriten, Rittersporn, Sterndolden, Falsche Alraunwurzel, Fingerhut

Kletterer:
Rambler-Rosen, Kletterrosen, Geißblatt, Clematis

Sträucher:
Rosen, Schneeball-Hortensie, Deutzie, Bauernjasmin, Perlmuttstrauch, Flieder

Zwiebeln und Knollen:
Iris, Lilien, Zierlauch

GARTENRITUALE
Finde deinen Rhythmus

Es ist ein offenes Geheimnis: Gestaltung ist mein Steckenpferd, die Gartenpflege hingegen war jahrelang lästige Pflicht. In schlechten Momenten hat sie sich für mich angefühlt wie Bad putzen. Immer dieselben Handgriffe. Hat man an der einen Ecke das Unkraut im Griff, sprießt es an der anderen Ecke munter von Neuem. Dann noch bei hochsommerlichen Temperaturen am Wochenende im Beet krabbeln und sich einen Sonnenstich holen. Das ist nicht mein Ding. Schon gar nicht, wenn ich die Zeit eigentlich viel lieber mit meinen Kindern auf der Picknickdecke im Schatten verbringe. Viele Tage habe ich das Notwendige aufgeschoben, um dann immer vor einem riesigen Berg Arbeit zu stehen. Das hat sich nicht gut angefühlt.

Nach langer Zeit und vielem Ausprobieren habe ich jetzt einen Rhythmus gefunden, der für mich funktioniert. Vielleicht auch für dich?

Hier meine Regeln:

- Ich gehe jeden Werktag in der Früh in den Garten. Egal bei welchem Wetter, egal ob ich gerade Stress oder Schnupfen habe.
- Ich gehe möglichst immer zur selben Uhrzeit, alleine und ohne Handy, aber mit einer schönen Tasse Kaffee, einer Schere und einem Unkrautstecher.
- Ich mache einen Rundgang und schaue mir die Pflanzen an: Geht es ihnen gut? Wie sehen die Blätter aus? Die Zweige, die Blüten, der Boden? Ich sehe nicht die Arbeit, ich sehe die Pflanzen und ihre Bedürfnisse.
- Ich rupfe Unkraut, schneide Verblühtes oder überstehende Zweige, dünge und wässere. Aber immer nur ein wenig, dafür wirklich jeden Tag. Meter für Meter, keine 20 Minuten. Ein kleiner Arbeitsspaziergang. Ich genieße diese Zeit. Es ist Luft, Bewegung und einfach mein Ritual geworden. Es gibt mir Energie, statt welche zu rauben. Probiert es aus! Und den Yogakurs könnt ihr euch sparen.

RITTERSPORN
ZWEIGE
SKABIOSE
ROSE
RINGELBLUME
KATZENMINZE

DER DREI-MINUTEN-STRAUSS
Blitzschnell Blumen binden

Blumen bringen so eine unglaubliche Schönheit mit sich. Man kann sie in die Vase stecken, kreuz und quer, und es sieht nie ganz verkehrt aus. Dennoch ist das Binden eines schönen Straußes, so man die Technik einmal beherrscht, ein Quantensprung. Es ist gar nicht schwer!

- Entscheide dich für ein Farbschema, und versuche Blumen zusammenzustellen, die möglichst unterschiedliche Blütenformen haben: opulente große runde Blüten, kerzenförmige und tellerförmige Begleitblumen, fülliges Blattmaterial und – ganz wichtig – luftige, transparent wirkende Blüten für viel Leichtigkeit.
- Schneide die Blumen im Garten je Sorte immer in ungerader Zahl: also drei oder fünf „Kerzen", drei luftige Stiele, fünf Zweige zum Füllen. Für einen kleinen Strauß sind 20-25 Stiele notwendig, du darfst aber auch gerne 30-40 Stiele verwenden für einen opulenteren Eindruck. Lege alle Blumen sortiert vor dich hin.
- Fange mit den opulenten Blüten an, und lege die Stiele der Begleitblumen ein wenig gekreuzt an. Den Strauß hältst du dabei in der linken Hand (bei Rechtshänderinnen). Wichtig: Die Stiele dürfen unterhalb deiner linken Hand keine Blätter mehr haben, sonst entsteht Fäulnis in der Vase. Lege jetzt Stiel um Stiel am besten diagonal an und drehe dabei den Strauß. Probiere, die Höhe der Blüten zu variieren und immer wieder ein wenig „Luftiges" dazwischen zu platzieren.
- Nach dem letzten Stiel wickele knapp oberhalb deiner linken Hand Bast oder Juteschnur um den Strauß. Wenn du ihn danach kopfüber hältst, sollte kein Stiel herausfallen. Fertig!

BLUMENREZEPTE – Die besten „Zutaten“ für schnelle Sträuße und Arrangements

Frühjahrszauber

Blutpflaume (Prunus cerasifera)
Tulpe 'La Belle Epoque', 'Francoise', 'Apricot Beauty'
Narzisse 'Replete', 'Bridal Crown', 'Mount Hood'
Kaukasus-Vergissmeinnicht (Brunnera macrophylla)

Sommerliche Opulenz

Dahlie 'Cafe au lait'
Fuchsschwanz (Amaranthus caudatus) 'Green Cascade'
Kosmee (Cosmos bipinnatus) 'Cupcake Blush'
Hortensie (Hydrangea arborescens) 'Annabelle'
Dahlie 'Wizard of Oz'
Zinnie (Zinnia elegans) 'Zinderella Lilac'

Herbstliche Farbenpracht

Blutpflaume (Prunus cerasifera)
Purpur-Sonnenhut (Echinacea purpurea) 'Magnus'
Mohnkapseln
Dahlie 'Cornel Brons'
Dahlie 'Salmon Runner'
Strohblume (Helichrysum bracteatum) 'Salmon Rose'

Wilde Sommerschönheit

Dahlie 'Creme de Cassis'
Dahlie 'Sweet Natalie'
Herbstanemone (Anemone japonica) 'Honorine Jobert'
Kosmee (Cosmos bipinnatus) 'Rosetta'
Zweige einer Rambler-Rose

SOMMERLICHE OPULENZ

DEINE BLUMENREZEPTE

Deine Projekte im Juni

Rückblick - Was ist gelungen?
Was hat nicht funktioniert?

Lieblingspflanzen im Juni

Weitere Notizen

JULI

DER BLUMENGARTEN IM JULI

DIE SOMMER-GENUSS-TO-DO-LISTE

- Blumenkränze binden
- Barfuß durchs Gras laufen
- Ein Picknick im eigenen Garten veranstalten
- Eine Wasserrutsche für Klein und Groß am Boden befestigen (das geht auch ohne Gefälle)
- Aus duftenden Rosenblüten Sirup für Limonaden herstellen
- In lauen Sommernächten eine Übernachtungsparty auf dem Trampolin veranstalten
- Blumen schneiden und verschenken
- Blumen schneiden und kleine Sträuße kopfüber zum Trocknen aufhängen
- Blumen mit Blatt und Wurzel pressen

ERNTE

Einjährige:
Strohblumen, Kosmeen, Zinnien, Ziertabak, Ringelblumen, Knorpelmöhren, Skabiosen, Fuchsschwanz, Kapuzinerkresse, Sonnenblumen, einjähriger Rittersporn, Goldmohn, Löwenmäulchen, Kornblumen, Strandflieder, einjähriger Phlox

Stauden:
Schafgarbe, Margeriten, Rittersporn, Sterndolden, Kugeldistel, Fingerhut, Purpur-Sonnenhut

Kletterer:
Kletterrosen, Rambler, Clematis, Geißblatt, Glockenrebe, Kapuzinerkresse, Duftwicken

Sträucher:
Hibiskus, Schneeball-Hortensie, Rosen

Zwiebeln und Knollen:
Dahlien, Gladiolen, Lilien

LAZY-GARDENER-CHECKLISTE
Wie pflegeleicht ist dein Garten?

Bist du eine faule Gärtnerin? Das ist nicht schlimm, dafür sollte dein Garten aber so angelegt sein, dass sich die Arbeit in Grenzen hält. Hier kommt die Checkliste, die dir zeigt, ob du es richtig machst!

- Die Beete sind dicht bewachsen, und es ist keine Erde mehr zu sehen – so hat das Unkraut keine Chance!
- Möglichst viele Pflanzen wachsen in Beeten, möglichst wenige in Töpfen.
- Die Beetkanten sind 10 cm tief ausgehoben oder haben eine feste Einfassung, damit kein Gras ins Beet wachsen kann.
- Ein einfaches Bewässerungssystem ist installiert und mit einer Zeitschaltuhr versehen.
- Alle Pflanzen sind gemäß Boden und Klima ausgewählt worden.
- Neben dem Wasseranschluss stehen zwei Gießkannen für schnelle Flüssigdüngergaben bereit.
- Die Rasenfläche ist so klein wie möglich. Das Mähen geht blitzschnell.

Deine Projekte im Juli

Säen, Pflanzen, Ernten

Rückblick - Was ist gelungen?
Was hat nicht funktioniert?

Lieblingspflanzen im Juli

Weitere Notizen

AUGUST

DER BLUMENGARTEN IM AUGUST

AUFGABEN

- Stauden Anfang des Monats das letzte Mal düngen
- Für eine Blüte bis zum Frost, Dahlien jetzt sehr regelmäßig schneiden und ein letztes Mal düngen
- Sträuße pflücken und Blumen arrangieren
- Blumen in kleinen Sträußen an einem dunklen Ort trocknen
- Einjährige Schnittblumen düngen, wässern und schneiden
- Unkraut jäten
- Cool-Flowers-Saatgut für winterharte Einjährige kaufen und Ende des Monats draußen säen
- Saatgut sammeln und trocknen

ERNTE

Zwiebeln und Knollen:
Dahlien, Gladiolen

Einjährige:
Strohblumen, Kosmeen, Zinnien, Ziertabak, Ringelblumen, Knorpelmöhren, Skabiosen, Fuchsschwanz, Kapuzinerkresse, Sonnenblumen, einjähriger Rittersporn, Goldmohn, Löwenmäulchen, Kornblumen, Strandflieder, einjähriger Phlox

Stauden:
Purpur-Sonnenhüte, Gräser, Herbstanemonen, Wasserdost, Duftnesseln, Prachtkerze, hohes Eisenkraut, Sterndolden, Kugeldistel

Kletterer:
spätblühende Clematis, Kletterrose, Glockenrebe, Kapuzinerkresse, Wicken, Wilder Wein, Efeu mit Fruchtständen, Geißblatt

Sträucher:
Rosen, Hortensien, Hibiskus

STAUDEN FÜR DEN SCHNITT – Die besten Sorten

Auch Stauden können fantastisch in Blumenarrangements aussehen. Ebenso lassen sich viele Sorten gut trocknen. Ihr einziges Manko: Sie blühen meist nur ein oder zwei Mal, und eine abgeschnittene Blüte kommt nicht so schnell nach. Auf der anderen Seite sind sie viel pflegeleichter und am richtigen Standort fast Selbstläufer: Jahr für Jahr werden viele von ihnen immer schöner und produzieren auf einen Schwung unzählige Blüten. Es lohnt sich also, Sorten zu pflanzen, die auch eine gute Figur in der Vase abgeben.

SKABIOSE
(Scabiosa caucasica) 'Perfecta Alba'

DOLDENGLOCKENBLUME
(Campanula lactiflora)
'Loddon Anne'

HERBSTANEMONE
(Anemone tomentosa)
'Robustissima'

FALSCHE ALRAUNWURZEL
(Tellima grandiflora)

STERNDOLDE
(Astrantia major)

AKELEI
(Aquilegia vulgaris)

SCHAFGARBE
(Achillea Millefolium-Hybr.)
'Apfelblüte'

GLATTE ASTER
(Aster laevis) 'Calliope'

TRÄNENDES HERZ
(Dicentra spectabilis)
'Alba'

GROSSBLÄTTRIGER FRAUENMANTEL
(Alchemilla mollis)

GROSSBLATT-PHLOX
(Phlox amplifolia)
'David'

KUGELDISTEL
(Echinops ritro)

SCHWERTLILIE
(Iris barbata-elatior)

HOHER GARTEN-RITTERSPORN
(Delphinium Elatum-Hybr.)
'Sommerwind'

PURPURSONNENHUT
(Echinacea purpurea)

SONNENHUT
(Rudbeckia fulgida var. sullivantii)
'Goldsturm'

PATAGONISCHES EISENKRAUT
(Verbena bonariensis)

EDELDISTEL
(Eryngium planum)

CENTERPIECE MIT DAHLIEN– Ein opulentes Arrangement für besondere Anlässe

Du hast abends Freunde eingeladen? Ein schnelles Centerpiece auf deinem Esstisch bringt Atmosphäre und ist ruck, zuck gesteckt. Verwende dafür am besten keinen Steckschaum, da dieser sehr umweltschädlich ist. Es gibt mittlerweile eine tolle Alternative: den Flowerfrog.

Du brauchst:

- Eine Vase (am besten eine Bowl)
- Einen passenden Flowerfrog (auch Blumenigel oder Kenzan genannt)
- Etwas Hasendraht
- Ca. 40 Zentimeter Gewebeband
- 20 bis 40 Blumenstiele

1. Lege den Flowerfrog auf den Boden der Bowl.
2. Forme aus dem Hasendraht eine Kugel, die genau in die Bowl passt. Befestige diese mit dem Gewebeband in der Bowl, indem du zwei Stücke über Kreuz spannst. Fülle Wasser ein.
3. Jetzt kannst du beginnen, die Stiele in den Hasendraht und Flowerfrog zu stecken.
4. Stecke zunächst Zweige mit Blättern oder andere „Füllpflanzen" hinein, später die Begleitblumen und zum Schluss die opulenten Eye-Catcher (z.B. Dahlien oder Rosen).
5. Wähle alle Blumenstiele in ungerader Zahl, ungleicher Länge und versuche, eine leicht asymmetrische Form zu stecken, das sieht wild und natürlich aus.
6. Stecke zum Schluss ein paar besonders lange, luftige Stiele hinein, um deinem Arrangement Dreidimensionalität zu verleihen.
7. Wechsle das Wasser täglich, um lange Freude an deinem Centerpiece zu haben!

Deine Projekte im August

Säen, Pflanzen, Ernten

Rückblick - Was ist gelungen?
Was hat nicht funktioniert?

Lieblingspflanzen im August

Weitere Notizen

AUSBLICK UND BLÜTEZEITTABELLE

Nach der Saison ist vor der Saison: Dein erstes Gartenjahr ist geschafft, dein Garten steht hoffentlich in voller Blüte und du kannst wunderbare Blumen genießen und ernten. Nimm dir nun unbedingt Zeit, das ganze Gartenjahr Revue passieren zu lassen: Welche Pflanzen hast du vermisst? Welche sind an deinem Standort nicht so gut gediehen? Notiere deine Erfahrungen auf den folgenden Seiten – und falls du gleich mit der Planung fürs neue Jahr starten willst, findest du hier auch eine Pflanzenliste mit vielen Angaben, wann was blüht.

TO-DO-LISTE
FÜR DAS NÄCHSTE JAHR

NOT-TO-DO-LISTE
FÜR DAS NÄCHSTE JAHR

MUST-HAVE-PFLANZEN FÜR DAS NÄCHSTE JAHR

PFLANZENLISTE MIT BLÜTEZEITTABELLE

EINJÄHRIGE	Jan.	Feb.	März	Apr.	Mai	Juni	Juli	Aug.	Sep.	Okt.	Nov.	Dez.
FUCHSSCHWANZ (Amaranthus caudatus) 'Green Cascade'												
KNORPELMÖHRE (Ammi majus)												
DILL (Anethum graveolens)												
LÖWENMÄULCHEN (Antirrhinum majus) 'Costa Apricot'												
LÖWENMÄULCHEN (Antirrhinum majus) 'Costa Silver'												
LÖWENMÄULCHEN (Antirrhinum majus) 'Royal Bride'												
LÖWENMÄULCHEN (Antirrhinum majus) 'Summer Lavender'												
RINGELBLUME (Calendula officinalis) 'Bronzed Beauty'												
KORNBLUME (Centaurea cyanus) 'Black Ball'												
KORNBLUME (Centaurea cyanus) 'Classic Fantastic'												
KORNBLUME (Centaurea cyanus) 'Classic Magic'												
KORNBLUME (Centaurea cyanus) 'Classic Romantic'												
GLOCKENREBE (Cobaea scandens) 'Alba'												
GLOCKENREBE (Cobaea scandens) 'Violet'												
KOSMEE (Cosmos bipinnatus) 'Apricot Lemonade'												
KOSMEE (Cosmos bipinnatus) 'Cosmix White'												
KOSMEE (Cosmos bipinnatus) 'Cupcake Blush'												
KOSMEE (Cosmos bipinnatus) 'Rosetta'												

EINJÄHRIGE	Jan.	Feb.	März	Apr.	Mai	Juni	Juli	Aug.	Sep.	Okt.	Nov.	Dez.
KOSMEE (Cosmos bipinnatus) 'Velouette'												
KOSMEE (Cosmos bipinnatus) 'Xanthos'												
WILDE MÖHRE (Daucus carota) 'Dara'												
RITTERSPORN (Delphinium consolida) 'Fancy Smokey Eyes'												
RITTERSPORN (Delphinium consolida) 'Misty Lavender'												
GOLDMOHN (Eschscholzia californica) 'Thai Silk Appleblossom Chiffon'												
GOLDMOHN (Eschscholzia californica) 'Thai Silk Pink Champagne'												
SONNENBLUME (Helianthus debilis) 'Italian White'												
STROHBLUME (Helichrysum bracteatum) 'Salmon Rose'												
STROHBLUME (Helichrysum bracteatum) 'Scarlet'												
STROHBLUME (Helichrysum bracteatum) 'Silvery Rose'												
STROHBLUME (Helichrysum bracteatum) 'White'												
WICKE (Lathyrus odoratus) 'Elegance Lavender'												
WICKE (Lathyrus odoratus) 'Mollie Rilstone'												
WICKE (Lathyrus odoratus) 'Nimbus'												
WICKE (Lathyrus odoratus) 'Spring Sunshine Champagne'												
WICKE (Lathyrus odoratus) 'Spring Sunshine Cream'												
WICKE (Lathyrus odoratus) 'Spring Sunshine Light Blue'												

EINJÄHRIGE	Jan.	Feb.	März	Apr.	Mai	Juni	Juli	Aug.	Sep.	Okt.	Nov.	Dez.
WICKE (Lathyrus odoratus) 'Spring Sunshine Peach'												
STRANDFLIEDER (Limonium sinuatum) 'QIS Apricot'												
STRANDFLIEDER (Limonium sinuatum) 'Qis Pastel'												
MUSCHELBLUME (Moluccella laevis) 'Pixie Bells'												
ZIERTABAK (Nicotiana alata) 'Grandiflora'												
ZIERTABAK (Nicotiana alata) 'Lime Green'												
JUNGFER IM GRÜNEN (Nigella damascena) 'Miss Jekyll'												
JUNGFER IM GRÜNEN (Nigella papillosa) 'African Bride'												
JUNGFER IM GRÜNEN (Nigella papillosa) 'Midnight'												
STRAHLDOLDE (Orlaya grandiflora) 'White Lace'												
RUTENHIRSE (Panicum virgatum) 'Fontaine'												
KLATSCHMOHN (Papaver rhoeas) 'Amazing Grey'												
SOMMER-PHLOX (Phlox drummondii) 'Cherry Caramel'												
SOMMER-PHLOX (Phlox drummondii) 'Crème Brûlée'												
SONNENHUT (Rudbeckia hirta) 'Sahara'												
SKABIOSE (Scabiosa atropurpurea) 'Black Knight'												
SKABIOSE (Scabiosa atropurpurea) 'Fata Morgana'												
SKABIOSE (Scabiosa atropurpurea) 'Salmon Pink'												

EINJÄHRIGE	Jan.	Feb.	März	Apr.	Mai	Juni	Juli	Aug.	Sep.	Okt.	Nov.	Dez.
KAPUZINERKRESSE (Tropaeolum majus) 'Milkmaid'												
KAPUZINERKRESSE (Tropaeolum majus) 'Salmon Gleam'												
KAPUZINERKRESSE (Tropaeolum minus) 'Ladybird Rose'												
ZINNIE (Zinnia elegans) 'Benary's Giant Lime'												
ZINNIE (Zinnia elegans) 'Benary's Giant Salmon Rose'												
ZINNIE (Zinnia elegans) 'Queen Red Lime'												
ZINNIE (Zinnia elegans) 'Zinderella Lilac'												
ZINNIE (Zinnia elegans) 'Zinderella Peach'												

DAHLIEN	Jan.	Feb.	März	Apr.	Mai	Juni	Juli	Aug.	Sep.	Okt.	Nov.	Dez.
GROSSBLUMIGE DAHLIE (Dahlia) 'Break Out'												
BALL-DAHLIE (Dahlia) 'Brown Sugar'												
GROSSBLUMIGE DAHLIE (Dahlia) 'Cafe au lait'												
POMPON-DAHLIE (Dahlia) 'Cornel Brons'												
SEEROSEN-DAHLIE (Dahlia) 'Creme de Cassis'												
GROSSBLUMIGE DAHLIE (Dahlia) 'Fleurel'												
SEEROSEN-DAHLIE (Dahlia) 'Gerrie Hoek'												
GROSSBLUMIGE DAHLIE (Dahlia) 'Lavender Perfection'												
SEEROSEN-DAHLIE (Dahlia) 'Nicholas'												

DAHLIEN	Jan.	Feb.	März	Apr.	Mai	Juni	Juli	Aug.	Sep.	Okt.	Nov.	Dez.
GROSSBLUMIGE DAHLIE (Dahlia) 'Omega'												
GROSSBLUMIGE DAHLIE (Dahlia) 'Penhill Watermelon'												
SEEROSEN-DAHLIE (Dahlia) 'Pink Magic'												
SEEROSEN-DAHLIE (Dahlia) 'Salmon Runner'												
SCHMUCKDAHLIE (Dahlia) 'Thomas A. Edison'												
HALSKRAUSEN-DAHLIE (Dahlia) 'Twyning´s White Chocolate'												
POMPON-DAHLIE (Dahlia) 'Wizard of Oz'												

TULPEN	Jan.	Feb.	März	Apr.	Mai	Juni	Juli	Aug.	Sep.	Okt.	Nov.	Dez.
PAPAGEIEN-TULPE (Tulipa) 'Amazing Parrot'												
EINFACHE FRÜHE TULPE (Tulipa) 'Apricot Beauty'												
PAPAGEIEN-TULPE (Tulipa) 'Apricot Parrot'												
GEFÜLLTE SPÄTE TULPE (Tulipa) 'Black Hero'												
GEFÜLLTE SPÄTE TULPE (Tulipa) 'Blue Diamond'												
GEFÜLLTE SPÄTE TULPE (Tulipa) 'Copper Image'												
GEFÜLLTE TULPE (Tulipa) 'Foxtrot'												
TRIUMPH-TULPE (Tulipa) 'Francoise/Catherine'												
LILIENBLÜTIGE TULPE (Tulipa) 'Green Star'												
GEFÜLLTE SPÄTE TULPE (Tulipa) 'La Belle Epoque'												

TULPEN	Jan.	Feb.	März	Apr.	Mai	Juni	Juli	Aug.	Sep.	Okt.	Nov.	Dez.
TRIUMPH-TULPE (Tulipa) 'Mango Charm'												
TRIUMPH-TULPE (Tulipa) 'Mistress Mystic'												
TRIUMPH-TULPE (Tulipa) 'Rosalie'												
GEFÜLLTE TULPE (Tulipa) 'Silk Road'												
VIRIDIFLORA-TULPE (Tulipa) 'Spring Green'												

NARZISSEN	Jan.	Feb.	März	Apr.	Mai	Juni	Juli	Aug.	Sep.	Okt.	Nov.	Dez.
NARZISSE (Narcissus cyclamineus) 'Iwona'												
TROMPETEN-NARZISSE (Narcissus) 'Blushing Lady'												
GEFÜLLTE NARZISSE (Narcissus) 'Bridal Crown'												
TROMPETEN-NARZISSE (Narcissus) 'Mount Hood'												
GEFÜLLTE NARZISSE (Narcissus) 'Replete'												
GEFÜLLTE NARZISSE (Narcissus) 'Sir Winston Churchill'												
GROSSBLUMIGE NARZISSE (Narcissus) 'Sophie Girl'												
TRIANDRUS-NARZISSE (Narcissus triandrus) 'Thalia'												

SCHNITTSTAUDEN	Jan.	Feb.	März	Apr.	Mai	Juni	Juli	Aug.	Sep.	Okt.	Nov.	Dez.
BALKAN-BÄRENKLAU (Acanthus hungaricus)												
SCHAFGARBE (Achillea Filipendulina-Hybride) 'Terracotta'												
SCHAFGARBE (Achillea Filipendulina-Hybride) 'Walter Funcke'												

SCHNITTSTAUDEN	Jan.	Feb.	März	Apr.	Mai	Juni	Juli	Aug.	Sep.	Okt.	Nov.	Dez.
SCHAFGARBE (Achillea Millefolium-Hybride) 'Apfelblüte'						■	■	■				
GROSSBLÄTTRIGER FRAUENMANTEL (Alchemilla mollis)						■	■					
HERBSTANEMONE (Anemone japonica) 'Honorine Jobert'								■	■	■		
HERBSTANEMONE (Anemone japonica) 'Königin Charlotte'								■	■	■		
HERBSTANEMONE (Anemone japonica) 'Pamina'									■	■		
HERBSTANEMONE (Anemone tomentosa) 'Robustissima'												
ECHTE ENGELWURZ (Angelica archangelica)						■	■	■				
PURPUR-WIESEN-KERBEL (Anthriscus sylvestris) 'Ravenswing'				■	■	■						
AKELEI (Aquilegia vulgaris) 'William Guiness'					■	■	■					
AKELEI (Aquilegia vulgaris plena) 'Nora Barlow'					■	■						
SOMMERASTER (Aster amellus) 'Dr. Otto Petscheck'							■	■	■			
GLATTE ASTER (Aster laevis) 'Calliope'									■	■		
STERNDOLDE (Astrantia major) 'Hadspen Blood'						■	■	■	■			
STERNDOLDE (Astrantia major) 'Roma'						■	■	■	■			
STERNDOLDE (Astrantia major) 'Shaggy'							■	■	■			
DOLDENGLOCKENBLUME (Campanula lactiflora) 'Loddon Anne'						■	■	■				
RIESEN SCHUPPENKOPF (Cephalaria gigantea)							■	■				
HOHER GARTEN-RITTERSPORN (Delphinium Elatum-Hybride) 'Sommerwind'						■	■	■	■			

SCHNITTSTAUDEN	Jan.	Feb.	März	Apr.	Mai	Juni	Juli	Aug.	Sep.	Okt.	Nov.	Dez.
TRÄNENDES HERZ (Dicentra spectabilis) 'Alba'												
GARTEN-FINGERHUT (Digitalis purpurea) 'Alba'												
GARTEN-FINGERHUT (Digitalis purpurea) 'Apricot'												
PURPURSONNENHUT (Echinacea purpurea) 'Alba'												
PURPURSONNENHUT (Echinacea purpurea) 'Magnus'												
KUGELDISTEL (Echinops ritro)												
EDELDISTEL (Eryngium planum)												
ROTLAUBIGER FENCHEL (Foeniculum vulgare) 'Atropurpureum'												
PRACHTKERZE (Gaura lindheimeri)												
SONNENBRAUT (Helenium-Hybride) 'Moerheim Beauty'												
LENZROSE (Helleborus orientalis)												
NACHTVIOLE (Hesperis matronalis) 'Alba'												
SCHWERTLILIE (Iris barbata-elatior) 'Cliffs of Dover'												
HOHE BARTSCHWERTLILIE (Iris barbata-elatior) 'Jane Philipps'												
GARTEN-LAVENDEL (Lavendula angustifolia) 'Hidcote Blue'												
GARTEN-INDIANERNESSEL (Monarda Fistulosa-Hybride) 'Scorpion'												
SÜSSDOLDE (Myrrhis odorata)												
BLUMEN-DOST (Origanum laevigatum) 'Herrenhausen'												

SCHNITTSTAUDEN	Jan.	Feb.	März	Apr.	Mai	Juni	Juli	Aug.	Sep.	Okt.	Nov.	Dez.
BLAURAUTE (Perovskia atriplicifolia) 'Blue Spire'												
BRANDKRAUT (Phlomis russeliana)												
KNOLLEN-BRANDKRAUT (Phlomis tuberosa)												
GROSSBLATT-PHLOX (Phlox amplifolia) 'David'												
WALD-PHLOX (Phlox divaricata) 'Clouds of Perfume'												
HOHES SALOMONSIEGEL (Polygonatum x hybridum) 'Weihenstephan'												
SONNENHUT (Rudbeckia fulgida var. sullivantii) 'Goldsturm'												
SKABIOSE (Scabiosa caucasica) 'Perfecta Alba'												
TAUBEN-SKABIOSE (Scabiosa columbaria) 'Butterfly Blue'												
TAUBEN-SKABIOSE (Scabiosa columbaria) 'Pink Mist'												
FALSCHE ALRAUNWURZEL (Tellima grandiflora)												
CHINA-WIESENRAUTE (Thalictrum delavayi)												
ECHTER BALDRIAN (Valeriana officinalis)												
KÖNIGSKERZE (Verbascum phoeniceum) 'Rosetta'												
PATAGONISCHES EISENKRAUT (Verbena bonariensis)												
KANDELABER-EHRENPREIS (Veronicastrum virginicum) 'Diana'												
KANDELABER-EHRENPREIS (Veronicastrum virginicum) 'Lavendelturm'												
KANDELABER-EHRENPREIS (Veronicastrum virginicum) 'Roseum'												

GEHÖLZE	Jan.	Feb.	März	Apr.	Mai	Juni	Juli	Aug.	Sep.	Okt.	Nov.	Dez.
SCHNEEFORSYTHIE (Abeliophyllum distichum) 'Roseum'												
KUPFERFELSENBIRNE (Amelanchier lamarckii)												
LIEBESPERLENSTRAUCH (Callicarpa bodinieri) 'Profusion'												
ZIERQUITTE (Chaenomeles) 'Pink Lady'												
ZIERQUITTE (Chaenomeles) 'Cameo'												
ZIERQUITTE (Chaenomeles japonica) 'Nivalis'												
KORNELKIRSCHE (Cornus mas) 'Golden Glory'												
HASELNUSS (Corylus avellana) 'Rotblättrige Zellernuss'												
KORKENZIEHERHASEL (Corylus avellana) 'Twister'												
WEISSDORN (Crataegus laevigata)												
ROSENDEUTZIE (Deutzia hybrida) 'Mont Rose'												
ZAUBERNUSS (Hamamelis intermedia) 'Jelena'												
HIBISKUS, GARTENEIBISCH (Hibiscus syriacus) 'French Cabaret® Pastel'												
HIBISKUS, GARTENEIBISCH (Hibiscus syriacus) 'Hamabo'												
HIBISKUS, GARTENEIBISCH (Hibiscus syriacus) 'Pink Chiffon®'												
HIBISKUS, GARTENEIBISCH (Hibiscus syriacus) 'Starbust Chiffon'												
HIBISKUS, GARTENEIBISCH (Hibiscus syriacus) 'Sugar Tip®' Rose of Sharon												
HIBISKUS, GARTENEIBISCH (Hibiscus syriacus) 'Totus Albus'												

GEHÖLZE	Jan.	Feb.	März	Apr.	Mai	Juni	Juli	Aug.	Sep.	Okt.	Nov.	Dez.
BALLHORTENSIE (Hydrangea arborescens) Candybelle® 'Marshmallow'												
FLIEDERHORTENSIE (Hydrangea macrophylla) 'Ayesha'												
RISPENHORTENSIE (Hydrangea paniculata) 'Mojito'												
RISPENHORTENSIE (Hydrangea paniculata) 'Pastelgreen'												
RISPENHORTENSIE (Hydrangea paniculata) 'Pink Diamond'												
EICHENBLÄTTRIGE HORTENSIE (Hydrangea quercifolia) 'Alice'												
EICHENBLÄTTRIGE HORTENSIE (Hydrangea quercifolia) 'Snowflake'												
GEWÖHNLICHE STECHPALME (Ilex aquifolium) 'Alaska'												
PERLMUTTERSTRAUCH, KOLKWIZIE (Kolkwitzia amabilis)												
OVALBLÄTTRIGER LIGUSTER (Ligustrum ovalifolium)												
STERNMAGNOLIE (Magnolia stellata)												
TULPENMAGNOLIE (Magnolia x soulangiana)												
ZIERAPFEL (Malus) 'Evereste'												
MISPEL (Mespilus germanica) 'Nottingham'												
BAUERNJASMIN (Philadelphus) 'Belle Etoile'												
BAUERNJASMIN (Philadelphus coronarius)												
BLUTPFLAUME (Prunus cerasifera) 'Nigra'												
TRAUBENKIRSCHE (Prunus padus)												

GEHÖLZE	Jan.	Feb.	März	Apr.	Mai	Juni	Juli	Aug.	Sep.	Okt.	Nov.	Dez.
WINTERKIRSCHE (Prunus subhirtella) 'Autumnalis'												
BLUTJOHANNISBEERE (Ribes sanguineum) 'Atrorubens'												
HUNDSROSE, HAGEBUTTE (Rosa canina)												
WEINROSE, HAGEBUTTE (Rosa rubiginosa)												
HAGEBUTTE (Rosa rugosa) 'Alba'												
FRÜHLINGSSPIERE (Spiraea thunbergii)												
GEWÖHNLICHE SCHNEEBEERE (Symphoricarpos doorenbosii) 'Amethyst'												
GEWÖHNLICHE SCHNEEBEERE (Symphoricarpos doorenbosii) 'Mother of Pearl'												
EDELFLIEDER (Syringa vulgaris) 'Beauty of Moscow'												
EDELFLIEDER (Syringa vulgaris) 'Katharine Havemeyer'												
EDELFLIEDER (Syringa vulgaris) 'Mme Lemoine'												
GEFÜLLTER/ECHTER SCHNEEBALL (Viburnum opulus) 'Roseum'												
BODNANT-WINTERSCHNEEBALL (Viburnum x bodnantense) 'Dawn'												
WEIGELIE (Weigela) 'Minuet'												
WEIGELIE (Weigela) 'Snowflake'												

NADELGEHÖLZE	Jan.	Feb.	März	Apr.	Mai	Juni	Juli	Aug.	Sep.	Okt.	Nov.	Dez.
BLAUE ATLAS-ZEDER (Cedrus libani) 'Glauca'/atlancia 'Glauca'												
GINKGOBAUM (Ginkgo biloba) 'Mariken'												

NADELGEHÖLZE

NADELGEHÖLZE	Jan.	Feb.	März	Apr.	Mai	Juni	Juli	Aug.	Sep.	Okt.	Nov.	Dez.
SCHMALE SÄULENSCHEIBE (Taxus baccata) 'Fastigiata Robusta'												

KLETTERPFLANZEN

KLETTERPFLANZEN	Jan.	Feb.	März	Apr.	Mai	Juni	Juli	Aug.	Sep.	Okt.	Nov.	Dez.
CLEMATIS (Clematis armandii) 'Appleblossom'												
CLEMATIS (Clematis montana) 'Rubens'												
CLEMATIS (Clematis paniculata)												
CLEMATIS (Clematis vitalba)												
CLEMATIS (Clematis viticella) 'Minuet'												
CLEMATIS (Clematis viticella)												
GLOCKENREBE (Cobaea scandens) 'Alba'												
GLOCKENREBE (Cobaea scandens) 'Violet'												
EFEU (Hedera helix) 'Wörner'												
WICKE (Lathyrus odoratus) 'Elegance Lavender'												
WICKE (Lathyrus odoratus) 'Mollie Rilstone'												
WICKE (Lathyrus odoratus) 'Nimbus'												
WICKE (Lathyrus odoratus) 'Spring Sunshine Champagne'												
WICKE (Lathyrus odoratus) 'Spring Sunshine Cream'												
WICKE (Lathyrus odoratus) 'Spring Sunshine Light Blue'												
WICKE (Lathyrus odoratus) 'Spring Sunshine Peach'												

KLETTERPFLANZEN	Jan.	Feb.	März	Apr.	Mai	Juni	Juli	Aug.	Sep.	Okt.	Nov.	Dez.
WALDGEISSBLATT, GEISSSCHLINGE (Lonicera periclymenum) 'Serotina'												
WILDER WEIN (Parthenocissus quinquefolia)												
RAMBLER-ROSE (Rosa) 'Albertine'												
RAMBLER-ROSE (Rosa) 'Bobby James'												
STRAUCHROSE, KLETTERROSE (Rosa) 'Felicitas'												
RAMBLER-ROSE (Rosa) 'Filipes Kiftsgate'												
KLETTERROSE (Rosa) 'New Dawn'												
RAMBLER-ROSE (Rosa) 'Paul's Himalayan Musk Rambler'												
KAPUZINERKRESSE (Tropaeolum majus) 'Milkmaid'												
KAPUZINERKRESSE (Tropaeolum majus) 'Salmon Gleam'												
KAPUZINERKRESSE (Tropaeolum minus) 'Ladybird Rose'												
BLAUREGEN (Wisteria floribunda)												

ZWIEBELN (indoor)	Jan.	Feb.	März	Apr.	Mai	Juni	Juli	Aug.	Sep.	Okt.	Nov.	Dez.
AMARYLLIS (Hippestrum) 'Dancing Queen'												
AMARYLLIS (Hippestrum) 'Exotic'												
AMARYLLIS (Hippestrum) 'Picotee'												
AMARYLLIS (Hippestrum) 'Nymph'												
NARZISSE (Narcissus tazette) 'Paperwhite'												

Erste Auflage 2022
Originalausgabe

Umschlaggestaltung und -illustration: Marion Rekersdrees, Potsdam
Satz: Marion Rekersdrees, Potsdam
Druck: Livonia Print, Lettland
Dieses Buch wurde klimaneutral produziert:
climatepartner.com/14438-2110-1001
Printed in Latvia
ISBN 978-3-458-64345-6

www.insel-verlag.de